Sitzungsberichte der
Akademie der Wissenschaften
der DDR
Mathematik – Naturwissenschaften – Technik

5 N
1975

Klaus Fuchs

Zur Bedeutung der theoretischen Physik für die Naturwissenschaften

AKADEMIE-VERLAG · BERLIN

Sitzungsberichte der
Akademie der Wissenschaften der DDR
Mathematik — Naturwissenschaften — Technik

Jahrgang 1975 · Nr. 5/N

Klaus Fuchs

Zur Bedeutung der theoretischen Physik für die Naturwissenschaften

Vortrag und Diskussionsbeiträge

AKADEMIE-VERLAG · BERLIN
1975

Vortrag und Diskussionsbeiträge,
gehalten vor dem Plenum der Akademie der Wissenschaften der DDR am 12. September 1974,
von den Ordentlichen Akademiemitgliedern Klaus Fuchs, Heinz Stiller, Burkart Philipp, Wolfgang Schirmer, Kurt Schwabe, Joachim Auth,
von dem Korrespondierenden Akademiemitglied Herbert Hörz und von Prof. Dr. Wolfram Brauer

Herausgegeben im Auftrage
des Präsidenten der Akademie
der Wissenschaften der DDR
von Vizepräsident Prof. Dr. Heinrich Scheel

Erschienen im Akademie-Verlag, 108 Berlin, Leipziger Straße 3—4

Lizenznummer: 202 · 100/254/75
Gesamtherstellung: VEB Druckhaus Köthen
Bestellnummer: 752 828 3 (2010/75/5/N) LSV 1115
Printed in GDR
EVP 3,—

Inhalt

K. Fuchs

Zur Bedeutung der theoretischen Physik für die Naturwissenschaften

An die Klasse Physik ist die Aufforderung ergangen, die heutige Plenartagung zum oben genannten Thema zu gestalten. Angesichts der wiederholten Forderungen, als wesentliche Faktoren der Intensivierung des Forschungsprozesses das theoretische Niveau der Forschung zu erhöhen und die Nutzung mathematischer Methoden im Forschungsprozeß zu beschleunigen, liegt es nahe, die Physiker herauszufordern, ihre Erfahrungen in dieser Hinsicht, die immerhin sogar über das stattliche Alter unserer Akademie zurückreichen, den Forschern auf anderen Wissenschaftszweigen mitzuteilen.

Wir haben uns daher in der Vorbereitung davon leiten lassen, daß nicht der systematische Aspekt der Einordnung der theoretischen Physik in das Gebäude der Naturwissenschaften im Vordergrund stehen sollte. Bei der Behandlung eines solchen Themas hätte man ohnehin die theoretische Physik nicht von der Physik loslösen können und auch die für das Niveau der Forschung auf allen naturwissenschaftlichen Gebieten nicht minder wichtige Rolle der Physik in der Bereitstellung leistungsfähiger Beobachtungs- und Meßverfahren und -geräte erörtern müssen.

Mit der Beschränkung des Themas auf die theoretische Physik werden also zwei Fragen in den Vordergrund der Beratung gestellt. Erstens soll die Bedeutung der Theorie in der Physik erörtert werden, wobei die praktische Vernunft gebietet, dem pragmatischen Aspekt der Erfahrungsübermittlung an andere Wissenschaftsgebiete den Vorrang einzuräumen und der Verlockung zu widerstehen, den erkenntnistheoretischen Aspekt allzuweit in die Gefilde der reinen Vernunft zu verfolgen. Zweitens soll versucht werden, einige für andere Wissenschaftsgebiete nützliche Aussagen abzuleiten.

In meinem Beitrag werde ich einige Gedanken über folgende vier Punkte darlegen:

1. Über die Bedeutung der Theorie in der Physik
2. Über die Rolle der Mathematik in der theoretischen Physik

1. Über die Bedeutung der Theorie in der Physik

Wenn ich von der Theorie in der Physik spreche, verstehe ich darunter die Gesamtheit der Kenntnisse über die grundlegenden gesetzmäßigen Zusammenhänge, welche die physikalischen Prozesse determinieren. Damit ist die enge Beziehung herausgestellt zwischen der heutigen Thematik und der ersten der drei in der langfristigen Planung erwähnten Funktionen der Grundlagenforschung, die der Befriedigung des gesellschaftlichen Bedürfnisses dient, die Kenntnis der grundlegenden gesetzmäßigen Zusammenhänge in Natur und Gesellschaft ständig zu erweitern und zu vertiefen.

Theorie in diesem Sinne ist nicht gleichzusetzen mit dem Lehrgebiet „Theoretische Physik" in Abgrenzung zur „Experimentalphysik". In der letzteren werden unsere Einsichten in unmittelbarem Zusammenhang mit ihrer experimentellen Überprüfung dargelegt, während in der „Theoretischen Physik" die systematische Darstellung überwiegt, wobei die Rolle der theoretischen Tätigkeit bei der Entdeckung der grundlegenden Gesetzmäßigkeiten zurücktritt. Ich gehe im folgenden davon aus, daß die Theorie das Ergebnis des Erkenntnisprozesses ist, der durch die experimentelle und theoretische Tätigkeit konstituiert wird.

Die Feststellung möchte ich durch folgende Thesen präzisieren:

1. Die naturwissenschaftliche Forschung als wissenschaftliche Arbeitsweise besteht aus zwei wesentlichen Tätigkeiten. Die theoretische Tätigkeit gewinnt durch Abstraktion aus der Vielfalt der Erscheinungen Kenntnisse über die grundlegenden gesetzmäßigen Zusammenhänge in der Natur und leitet aus den Gesetzen weitere wissenschaftlich interessante bzw. gesellschaftliche Erscheinungen ab. Die experimentelle Tätigkeit stellt durch Beobachtung und Beeinflussung der Naturvorgänge das konkrete Ausgangsmaterial bereit, überprüft vermutete Gesetze (Hypothesen) durch kritische Experimente und schafft konkrete Voraussetzungen für die gesellschaftliche Nutzung.

Diese erste These widerspiegelt den dialektischen Erkenntnisprozeß vom Konkreten zum Abstrakten und zurück zum Konkreten. Sie enthält das marxistische Wahrheitsprinzip.

2. Die wissenschaftliche Denk- und Arbeitsweise besteht in der Einheit der theoretischen und experimentellen Tätigkeit, die — trotz der in der Arbeit

notwendigen Differenzierung — im Denken des Theoretikers und Experimentators realisiert werden muß.

Diese zweite These bringt zum Ausdruck, daß die Ergebnisse der Wissenschaft durch die Dialektik des Erkenntnisprozesses geschaffen werden. Dabei darf die theoretische Tätigkeit nicht ausschließlich mit der Tätigkeit des Theoretikers identifiziert werden. Der Experimentator hat ebenfalls einen großen Anteil an der theoretischen Tätigkeit, besonders in der Herausbildung physikalischer Begriffe, der Formulierung von Hypothesen über vermutete Zusammenhänge und in der Herausarbeitung von Fragestellungen für die Forschung. Umgekehrt beschäftigt sich auch der Theoretiker mit der Konzipierung und der Interpretation, insbesondere von kritischen Experimenten. Der Theoretiker hat sich sogar sein eigenes Experimentierfeld in der Form des Gedankenexperiments geschaffen. Ohne die Rolle zufälliger Beobachtungen oder die Bedeutung einer Auseinandersetzung über offene Fragen bzw. Widersprüche innerhalb der Theorie zu leugnen, ist festzustellen, daß alle großen Fortschritte der Physik durch die Wechselwirkung von theoretischer und experimenteller Tätigkeit entstanden sind. Die Geschichte der Quantentheorie von 1900 bis 1926 ist ausdrucksvolles Zeugnis hierfür.

3. Die Theorie eines Wissenschaftszweiges ist die Gesamtheit der Erkenntnis über die gesetzmäßigen Zusammenhänge auf dem betreffenden Gebiet. Sie ist das gemeinsame Ergebnis der experimentellen und theoretischen Tätigkeit. Die Theorie der Physik ist der wesentlichste Inhalt der Physik.

Diese dritte These betrifft die Stellung der Theorie im Wissenschaftszweig. Die Theorie ist das Ergebnis der Forschung. Ihr Inhalt bestimmt die Einheit der Physik. Da die Theoretiker an der endgültigen Formulierung der Grundgesetze und auch an dem für die Nutzung der Ergebnisse wichtigen deduktiven Ausbau der Theorie den entscheidenden Anteil haben, obliegt ihnen eine besondere Verpflichtung, die Einheit der Physik zu kultivieren, die in der (wenn auch z. T. noch nicht realisierten) Einheit der fundamentalen Begriffe und Gesetzmäßigkeiten der Physik zum Ausdruck kommt.

4. Die Differenzierung zwischen der experimentellen und theoretischen Tätigkeit beruht auf den großen Unterschieden in den Methoden. Dementsprechend können die mathematische Physik und die experimentellen Methoden der Physik als methodische Querschnittsgebiete der Physik aufgefaßt werden.

Diese vierte These erinnert daran, daß weder die experimentelle noch die theoretische Methodik unterschätzt werden darf. Keine von beiden kann jedoch die zentrale Rolle einnehmen, welche die Theorie besitzt.

Die Abstraktion spielt bei der Theorienbildung eine wesentliche Rolle. Daher haben die fundamentalen Gesetzmäßigkeiten die Eigenschaft der Allgemeinheit und Allgemeingültigkeit. Dabei darf aber nicht vergessen werden, daß der Gegenstand der Naturwissenschaften diese konkrete Welt ist. Daher muß der Erkenntnisprozeß auch eine ständige Konkretisierung unserer Kenntnis der Wirklichkeit bringen.

Daher ist es notwendig zu präzisieren, was unter den „grundlegenden gesetzmäßigen Zusammenhängen" in der Physik zu verstehen ist. Im mechanistischen Weltbild ist dies einfach. Es geht um die Entdeckung der elementaren Bestandteile der Materie, ihrer Eigenschaften und der Kräfte, die zwischen ihnen wirken. Dies ist das Programm, das schon von den griechischen Atomisten aufgestellt wurde. Neben die Wahrnehmung, die uns die Oberfläche der Erscheinungen zeigt, stellten sie die Vernunft, um in das Wesen der Dinge einzudringen. In den „Lehren der Akademie" stellt Cicero fest: „Die Natur klage an, die die Wahrheit, wie Demokrit es formuliert, tief verborgen hat."

Verfolgen wir den Weg zu dieser tief verborgenen Wahrheit der Natur, beginnend bei den durch die Vernunft entdeckten Atomen Demokrits, über die Atome der statistischen Mechanik und der Chemie, das Rutherfordsche und das Bohrsche Atommodell bis zu den Elementarteilchen der modernen Physik, so kann man feststellen, daß auch heute die Frage der Struktur der Materie in allen ihren Erscheinungsformen und der Wechselbeziehungen zwischen den Erscheinungsformen die Grundprobleme der Physik sind. Aber neben den Beobachter und Denker der Antike ist der die Materie verwandelnde Experimentator getreten, wodurch die Naturphilosophie zur Wissenschaft wurde. Das Experiment hat dabei nicht nur die Aufgabe, Fakten als Ausgangsmaterial für die ordnende und analysierende Funktion des Theoretikers zu schaffen und denkmögliche Hypothesen auf ihre Gültigkeit zu überprüfen. Das physikalische Experiment in seiner besten Qualität ist die durch die Vernunft gelenkte, aktive Einwirkung auf die Materie mit dem Ziel, ihre konkrete Struktur und ihre allgemeinen Bewegungsgesetze bloßzulegen.

Die Schaffung einer physikalischen Theorie kann daher nicht einseitig als Prozeß der stufenweisen Abstraktion betrachtet werden. Sie ist verbunden mit einer ständigen Konkretisierung unserer Kenntnis der Struktur der Materie. Es ist dabei möglich, daß das Experiment unsere Vernunft korrigiert und uns zwingt, solange unvernünftig zu denken, bis unsere Vernunft die Anschauung besiegt und die neuartigen Zusammenhänge assimiliert. Epikur z. B. hatte noch große Schwierigkeiten mit seiner Kosmologie, weil er das „Oben" und „Unten" nicht relativieren konnte. Den Begriff der Gleichzeitigkeit aufzugeben, hat uns Schwierigkeiten gemacht. Das Prinzip der Nicht-Unterscheidbarkeit gleichartiger Elementarteilchen verlangt die Existenz von Dingen, die sich durch kein Bestimmungsstück unterscheiden, aber trotzdem nicht identisch sind. Damit beginnt der Angriff auf eine der Grundfesten der formalen Logik, den

Satz vom ausgeschlossenen Widerspruch. Nicht ohne Grund hat Niels Bohr einmal gesagt: „Wir haben hier eine ganz verrückte Theorie vor uns. Die Frage ist nur, ob sie verrückt genug ist, um richtig zu sein.“

Die Dialektik abstrakter und konkreter Wahrheit ist in der Entwicklung der Quantentheorie besonders deutlich hervorgetreten. Schon die Entdeckung des Wirkungsquantums vor 74 Jahren bezeugt die Einheit von Abstraktion und konkreter Analyse. Die hartnäckigen experimentellen Fakten der Hohlraumstrahlung zwangen Planck, das Resultat seiner hochabstrakten thermodynamischen Überlegungen, die zum Beweis der Wienschen Strahlungsformel geführt hatten, in einer Weise zu modifizieren, die er selbst — ich zitiere — „für nicht leicht begreiflich und auf jeden Fall schwer beweisbar“ ansah. So entstand das Plancksche Strahlungsgesetz — eine perfekte mathematische Abbildung der Struktur der Hohlraumstrahlung.

Doch das befriedigte Planck nicht. Welchen physikalischen Inhalt besaß diese Formel? In der Beantwortung dieser Frage besteht die geniale Leistung Plancks. Dazu nutzte er den Zusammenhang zwischen Entropie und Wahrscheinlichkeit, d. h. die atomistische Struktur der Materie. Eine tiefschürfende Analyse führte ihn auf die Quantelung der Energie eines Systems strahlender Resonatoren.

Erst Einstein ist es gelungen, diese Erkenntnis zu verallgemeinern. Durch die Theorie der Lichtquanten brachte er sie in Zusammenhang mit dem photoelektrischen Effekt, der Emission und Absorption des Lichtes und anderen Effekten. Mit seiner Theorie der spezifischen Wärme wandte er Plancks Entdeckung auf die Oszillationsenergie der Wärmebewegung der Atome im Festkörper an.

Dieses Beispiel demonstriert, daß fundamentale Erkenntnisse nicht immer durch Abstraktion aus einer Vielfalt von Erscheinungen abgeleitet werden. Fundamentale, von der Natur tief verborgene Wahrheiten über die konkrete Struktur der Materie werden eher am konkreten Objekt entdeckt und nachträglich verallgemeinert.

25 Jahre vergingen von der Zeugung bis zur Geburt der Quantentheorie. In der Mitte dieses Zeitabschnittes erschien die grundlegende Arbeit von Niels Bohr „Über den Aufbau der Atome und Moleküle“, in der die Quantelung auf die Bewegungsgrößen eines Elektrons im Atom übertragen und der immer noch langwierige Weg zur theoretischen Ergründung der Struktur des Atomaufbaus durch die Quantenmechanik eingeleitet wurde.

Es würde zu weit führen, diese abenteuerliche Erkundungsfahrt zu schildern. Ich möchte mich hier auf den Hinweis beschränken, daß neuartige, für das menschliche Denken unbequeme und für die Anschauung unfaßbare Begriffe erfunden werden mußten. Ich erinnere nur an den Begriff des stationären Zustandes und die Vorstellung, daß der Übergang von einem Zustand zum anderen ein elementarer, nicht weiter zerlegbarer, also im ursprünglichen Sinne des Wortes ein wahrhaft atomarer Vorgang ist, der nicht in Raum und Zeit abläuft.

Der mathematische Formalismus war im Prinzip durch die Hamilton-Jakobische Form der klassischen Mechanik gegeben. Gesucht wurden die Prinzipien zur Umdeutung dieses Formalismus, so daß er der quantenhaften Natur der atomaren Prozesse gerecht werden konnte, d. h. eine Umdeutung physikalischen Inhalts. Die mathematische Umdeutung des Formalismus war nur die letzte Konsequenz, die — wie Ihnen bekannt — gleichzeitig auf zwei verschiedenen Wegen erfolgte. Dabei ist die Verwandtschaft der Gleichungen $E = H$ und $E\psi = H\psi$ für den Mathematiker wohl weniger interessant als für den Physiker.

Ein weiteres halbes Jahrhundert ist inzwischen verstrichen. Die komplizierten Probleme der Beziehungen zwischen dem mathematischen Formalismus, den physikalischen Begriffen und der Wirklichkeit haben hitzige Kontroversen hervorgerufen, die auch heute noch nicht zu voller Einmütigkeit geführt haben. Der mathematische Formalismus enthält eindeutig und scharf definierte mathematische Größen. Sie repräsentieren u. a. Größen des physikalischen Begriffssystems, die prinzipiell mit einer Unschärfe belastet sind und sowohl praktisch als auch theoretisch ohne Widerspruch zur Axiomatik der Theorie meßbar sein müssen. Die Wirklichkeit ist viel wundersamer als unsere Phantasien und zutiefst abgeneigt, sich nach den kalten Regeln der formalen Logik zu bewegen.

2. Über die Rolle der Mathematik in der theoretischen Physik

Diese Überlegungen demonstrieren den Unterschied zwischen einer physikalischen und einer mathematischen Theorie. Ohne auf die erkenntnistheoretische Frage einzugehen, warum die Mathematik und die formale Logik der Wirklichkeit so gut entsprechen, ist es notwendig, auf die Grenzen dieser Wissenschaften hinzuweisen, sobald wir uns von der Wirklichkeit des Alltags entfernen.

Physik und Mathematik haben einen gemeinsamen Ursprung. Die Frage, „Was war erst, Mathematik oder Physik?“, ist ebenso sinnlos, wie die Frage, ob das Huhn oder das Ei Priorität besitzt. Die Mathematik ist erforderlich, um Experimente einwandfrei auszuwerten, Fakten zu ordnen und empirische Zusammenhänge zu erkennen. Die Mathematik ist die Sprache, in der die theoretische Physik formuliert wird.

Es darf jedoch nicht vergessen werden, daß zwischen beiden ein prinzipieller Unterschied existiert. Der Forschungsgegenstand der Mathematik sind abstrakte, durch die Mathematik definierte Größen. Der Forschungsgegenstand der Naturwissenschaften ist die konkrete, unabhängig von unserem Bewußtsein existierende reale Wirklichkeit. Jede physikalische Theorie besteht daher aus einem mathematischen Formalismus und einem Apparat physikalischer Begriffe und Prinzipien, mit deren Hilfe die Korrespondenz zwischen den mathematischen Größen und der physikalischen Wirklichkeit hergestellt wird. In der Herausarbeitung der physikalischen Begriffe und Prinzipien, welche die wahrheitsgetreue Widerspiegelung der Wirklichkeit durch die Theorie gewährleisten müssen, liegt der schwierigste Teil der schöpferischen Arbeit der Physiker, die von Theoretikern und Experimentatoren gemeinsam bewältigt wird.[1]

Der Unterschied zwischen den Elementen des mathematischen Formalismus und den physikalischen Begriffen wird leicht vergessen, weil wir durch die klassische Physik verwöhnt sind und ihre Kongruenz voraussetzen. Die Zusammenhänge zwischen den Elementen einer mathematischen Theorie folgen den Gesetzen der formalen Logik. Mathematik und formale Logik repräsentieren die höchste Stufe der Abstraktion[2], d. h. jedoch nur einen der wesentlichen Bestandteile des Erkenntnisprozesses. Ihre Aussagen sind nach Frege bedeutungslos, ihre Wahrheit ist formal. Sie können auf sich alleine gestellt keine Wahrheit finden. Sie können jedoch verborgene Wahrheiten enthüllen und sind unentbehrlich, wenn es gilt, den tiefst verborgenen Geheimnissen der Natur auf die Spur zu kommen.

Naturwissenschaftliche Theorien unterscheiden sich prinzipiell von Mathematik und formaler Logik durch den konkreten Charakter ihrer Wahrheit. Die Kenntnis der fundamentalen gesetzmäßigen Zusammenhänge in der Natur beinhaltet Aussagen über die Struktur der Materie und über ihre Bewegung, ihre Veränderung und Entwicklung. Neben den Faktor der Abstraktion und zuneh-

---

[1] Es handelt sich hier nicht um einen Vergleich mathematischer und theoretisch-physikalischer Forschung, sondern um die Wertung verschiedener Bestandteile der theoretischen Tätigkeit des Physikers. Leider gibt es keine Vorlesungen und Lehrbücher über die theoretische Tätigkeit des Physikers, während Anleitungen zur Handhabung des experimentellen oder mathematischen Werkzeugs schon lange existieren.

[2] Der Ausdruck „höchste Stufe der Abstraktion" ist nicht im Sinne einer Wertung zu verstehen, sondern als Charakterisierung des Endes eines Abstraktionsprozesses, der stufenweise von allem konkreten Inhalt abstrahiert. Der philosophische Gegenpol ist Hegels idealistische Dialektik. In der „Phänomenologie des Geistes" endet der Abstraktionsprozeß in dem „reinen Wissen", welches so frei von konkreter Beziehung ist, daß es in der „Wissenschaft der Logik" als „reines Sein" der geeignete Ausgangspunkt ist für die Rückkehr in seinen Grund im Absoluten Geist.

menden Verallgemeinerung tritt als zweiter wesentlicher Faktor bei der Theorienbildung die sich ständig vertiefende Kenntnis der konkreten Struktur der Materie und ihrer spezifischen Eigenschaften.

Die Notwendigkeit der Beherrschung der mathematischen Methoden der Physik hat wesentlich zur Differenzierung der theoretischen und experimentellen Tätigkeit beigetragen. Es ist von Interesse, daß mit Hilfe der elektronischen Datenverarbeitung die Mathematik diese Differenzierung zwar nicht aufhebt, aber die Tätigkeitsmerkmale des Theoretikers und Experimentators wieder annähert. Der Theoretiker nutzt die Möglichkeit verschiedene konzeptionelle Modelle „durchzuspielen" und mit geringem Aufwand auf ihre Tragfähigkeit zu untersuchen. Er beginnt mit solchen Modellen zu „experimentieren". Der Experimentator seinerseits hat die Möglichkeit, mit Hilfe von Rechenprogrammsystemen die theoretische Interpretation seiner Experimente selbst vorzunehmen, ohne die Handhabung des mathematischen Apparates zu erlernen. Voraussetzung ist solide Kenntnis der physikalischen Begriffe und der grundlegenden Gesetzmäßigkeiten. Durch die Mitwirkung bei der Erschließung der EDV einschl. der on-line-Datenauswertung und Prozeßsteuerung von Experimenten, leistet die Mathematik nicht nur einen direkten Beitrag zur Intensivierung der Forschung. Sie stimuliert gleichzeitig die Einheit von experimenteller und theoretischer Tätigkeit bei der Weiterentwicklung der Theorie und unterstützt damit die Hebung des theoretischen Niveaus.

3. *Über die Rolle der Theorie in Chemie und Physik*

Chemie und Physik sind sehr eng miteinander verbunden. Der Aufbau neuer Zweige der theoretischen Chemie und der Ausbau der gemeinsamen Chemie und Physik umfassenden Theorie stehen auf der Tagesordnung.

Herr Professor Richter hat in der Vorbereitung der heutigen Beratung mit Recht vor Illusionen über die Leistungsfähigkeit der Quantenmechanik bei der Berechnung von Eigenschaften der Moleküle gewarnt. Das ändert jedoch nichts an der Tatsache, daß mit der Quantenmechanik der chemische Begriff der Valenz eine theoretische Begründung in der Struktur der Atome gefunden hat, der eine mathematische Formulierung der im Valenzbegriff ausgedrückten Zusammenhänge erlaubt. Diese letzte Zufluchtsstätte der angeblichen Nicht-Quantifizierbarkeit der Chemie ist durch die oben erwähnte Nicht-Unterscheidbarkeit der Elektronen gestürmt worden.

Physik und Chemie gründen sich auf die gleichen grundlegenden gesetzmäßigen Zusammenhänge, die u. a. in der Quantenmechanik, Thermodynamik und Statistischen Mechanik formuliert sind. Das schließt natürlich nicht aus, daß bestimmte Teilgebiete spezifisch chemischen Charakter tragen, wie z. B. die theoretische organische Chemie, die Reaktionskinetik, die Festkörperchemie und die Strahlenchemie. Die Chemie als Wissenschaft braucht ihre eigenen theoretischen Chemiker, die aufs engste mit den Experimentatoren zusammenarbeiten müssen. Jedoch sollte gerade in der theoretischen Arbeit nicht die Abgrenzung der Wissenschaftsgebiete im Vordergrund stehen, sondern die Gemeinsamkeit, die letzten Endes auf dem gemeinsamen Forschungsgegenstand beruht.

Diese Darlegungen können den Eindruck erwecken, daß der Vorwurf, den D'Alembert gegen die Physik erhoben hat, auch heute noch aktuell ist. In der von ihm und Diderot herausgegebenen Enzyklopädie schrieb er: „Eine der großen Klippen der Physik ist die Sucht, alles erklären zu wollen."

Es ist m. E. daher nützlich, die Gemeinsamkeiten von Chemie und Physik etwas genauer zu analysieren, weil damit auch die Grenzen der physikalisch-chemischen Betrachtungsweise klarer werden. Beiden Wissenschaften ist gemeinsam, daß sie die Erscheinungen in der unseren Sinnen zugänglichen Welt durch eine Analyse der detaillierten Struktur der Materie zu erklären suchen. Die Makroprozesse werden auf Mikroprozesse zurückgeführt, welche unter möglichst reinen Bedingungen frei von irrelevanten Einflüssen untersucht werden. Die für jede Untersuchung notwendige Herauslösung des Untersuchungsobjektes aus dem allgemeinen Zusammenhang der Erscheinungen wird in der Chemie und Physik bis zur Grenze, man könnte sagen, bis zur Atomisierung des Forschungsgegenstandes, getrieben, wenn unter Atom die ursprüngliche Bedeutung des Unteilbaren in sinngemäßer Ausdeutung verstanden wird.

Das Ziel, die konkrete Mikrostruktur der Materie zu erkunden, wird erkauft durch einen hohen Grad der Abstraktion von der Komplexität der Bedingungen, unter denen die Mikroobjekte in umfassendere Zusammenhänge eingebettet sind.

Aus diesen Gründen ist es verständlich, daß die Gesetzmäßigkeiten der Mikrowelt, soweit wir sie erkundet haben, zeitlos sind. Sie sind allgemeingültig, hier und überall, heute, gestern und morgen.

Es entsteht nun die Frage, ob beim Aufbau komplexer materieller Strukturen Zusammenhänge wirksam werden, die bei der Atomisierung der Materie verlorengegangen sind. Dann hätten wir Gebiete erreicht, die nicht durch die physikalisch-chemische Betrachtungsweise allein zu erklären sind. Dies sollten wir angesichts des zeitlosen Charakters der Gesetze der Mikrowelt — vor allem dann erwarten, wenn eine genetische oder historische Betrachtungsweise unabdingbar ist, wenn der Gegenstand der Forschung ein komplexes materielles System ist, dessen Struktur und Entwicklungsgesetze untrennbar mit der Genese des Systems verbunden sind.

4. Über die Grenzen der physikalisch-chemischen Betrachtungsweise in anderen Naturwissenschaften

Wenn wir die Frage nach den Grenzen der Theorie von Physik und Chemie bei der theoretischen Behandlung von Problemen anderer Wissenschaften aufwerfen, so geht es nicht um die Schwierigkeiten der mathematischen Ausführung, die mit der Komplexität der Systeme rapide anwachsen. Das gilt schon in der Chemie, wie die von Herrn Prof. Richter angeführten Beispiele zeigen, und ebenso in der Physik. Es geht um die Frage, ob es eine prinzipielle Schranke der physikalisch-chemischen Betrachtungsweise gibt. Dabei ist der Unterschied zwischen den beiden Fällen nicht immer leicht erkennbar. Ich erinnere an die Supraleitung, welche zunächst auch im Rahmen der Elektronentheorie der Metalle recht eigenartig erschien, bis eine exaktere mathematische Analyse auch diesen Effekt erklären konnte. Eine prinzipielle Schranke der physikalisch-chemischen Erklärung bei einem solch einfach zusammengesetzten Material wäre auch schwer zu verstehen. Komplizierter wird die Frage, wenn die Erde Gegenstand der Forschung ist. Sie kann und muß letzten Endes von den auf diesem Gebiet tätigen Wissenschaftlern beantwortet werden. In dem vorbereitendem Material wurden Auszüge aus einem Vortrag von Herrn Stiller in der Klasse Physik zirkuliert, welche über den Stand der Erklärung geophysikalischer Gesetzmäßigkeiten Auskunft geben. Es ist erkennbar, daß die Geologie unter Einbeziehung der Geophysik und Geochemie zu dynamischen Entwicklungsproblemen vorstößt, welche eine integrale Betrachtung der Entwicklung der Erde erfordern. Ob diese völlig auf physikalische und chemische Gesetzmäßigkeiten reduzierbar sein wird, muß die Zukunft entscheiden. Da das Alter der Erde mit dem „Alter" des Kosmos vergleichbar ist, wäre es nicht verwunderlich, wenn außer der Physik und Chemie auch die Kosmologie einen Beitrag zum Fundament der Geologie leisten müßte.

Gehen wir also über von der Erde als Forschungsgegenstand zum Kosmos. Versuche kosmologischer Erklärungen waren von Anbeginn mit der Naturphilosophie verbunden. Die rationale Wissenschaft der Neuzeit schien zunächst solchen Phantastereien abhold zu sein. Für sie waren Raum und Zeit ein leeres Gerüst, auf dem die Natur die materiellen Vorgänge aufspannte. Sache von Physik und Chemie war es die Gesetzmäßigkeit der Naturprozesse, unter diesen a priori vorgegebenen Existenzbedingungen zu erforschen. Die Relativitätstheorie — vor allem die Gravitationstheorie — haben den Rahmen dieser Fragestellung gesprengt und wechselseitige Beziehungen zwischen der Struktur des Raum—Zeit-Kontinuums und den in diesem Kontinuum ablaufenden materiellen Prozessen aufgedeckt.

Die auf dieser Grundlage entstandene klassische Kosmologie konnte allerdings wenig Einfluß auf den Charakter der Physik im allgemeinen ausüben, solange sie sich — von der bekannten Rotverschiebung abgesehen — nur auf Abstraktion und mathematische Modelle stützen konnte. Die Begriffe des „Alters des Kosmos" oder des „Urknalls" hatten nur eine Beziehung zum mathematischen Modell und nicht zur Wirklichkeit. Die moderne Kosmologie ist hingegen zu noch unbekannten Prozessen der Umwandlung von Materie und Energie unter ungewöhnlichen extremen Bedingungen vorgestoßen, die im fernen Kosmos stattgefunden haben und vielfältiges Beobachtungsmaterial für das Problem der Evolution des Kosmos liefern. Es ergeben sich Beziehungen zur Elementarteilchentheorie. Auch die Hohlraumstrahlung hat wieder einmal ihre Finger im Spiel. Die Entdeckung der kosmischen Hohlraumstrahlung mit einer Temperatur von 3° Kelvin und außerordentlicher Isotropie hat die Phantasie neu stimuliert, die physikalischen Bedingungen in der Frühzeit des Kosmos zu konzipieren. Ob die eingeführten Vorstellungen sich dem Grad der Verrücktheit nähern, den das Kriterium von Niels Bohr verlangt, sei dahingestellt.[3] Welchen Einfluß diese Kosmologie auf die Wissenschaft Physik haben wird, insbesondere, ob sie den zeitlosen Charakter ihrer fundamentalen Gesetze aufheben wird, läßt sich allerdings heute kaum erahnen. Vielleicht wird die uns bekannte Physik und Chemie sozusagen eine Momentaufnahme einer allgemeineren Theorie sein.

Eine aktuelle, interessante und umstrittene Frage erhebt sich, wenn wir unsere Überlegungen auf die Biologie ausdehnen. Wenn wir den Gedanken von Oparin folgen, so sind die spezifisch biologischen Gesetzmäßigkeiten zusammen mit dem Leben entstanden. Wir haben hier also genau den Fall, daß die genetische Betrachtungsweise wesentlich ist, und eine völlige Reduktion auf physikalisch-chemische Prozesse unwahrscheinlich ist. Die großen Erfolge der Molekularbiologie scheinen zunächst dieser Schlußfolgerung zu widersprechen. Die Reduktion wesentlicher Lebensfunktionen auf physikalische und chemische Prozesse scheint im Bereich des Möglichen. Natürlich besitzen die Gesetze der Physik und Chemie auf Grund ihrer hohen Abstraktionsstufe einen hohen Grad der Allgemeingültigkeit. Sie können auch im biologischen Geschehen nicht verletzt werden. Es ist auch verständlich, daß in bestimmten Phasen der Entwicklung der Biologie gerade die Erforschung der chemischen oder physikalischen Aspekte zu entscheidenden Erkenntnissen führt. Doch dürfen wir dabei die Grenzen der physikalisch-chemischen Betrachtungsweise, die ebenfalls durch ihre Abstraktheit bedingt sind, nicht vergessen. Als Physiker obliegt es mir,

[3] Natürlich hat auch die zulässige Verrücktheit ihre Grenzen. Sie sind durch Bohrs Korrespondenzprinzip festgelegt.

gerade auf diesen Umstand hinzuweisen. Damit soll nicht bestritten werden, daß die physikalisch-chemischen Gesetzmäßigkeiten die Bedingungen erklären müssen, die für die Herausbildung der komplexen Strukturen erforderlich sind, mit denen die höhere Qualität der biologischen Bewegungsform der Materie verknüpft ist. Der Hinweis auf die Grenzen der Abstraktion gilt mit verstärktem Gewicht für die Mathematik. Sie bildet neben der formalen Logik die höchste Stufe der Abstraktion, besitzt universelle Gültigkeit, doch ihre Aussagen sind formal und ohne Bedeutung, solange der Bezug zur Wirklichkeit fehlt. Auf keinen Fall kann die Mathematik — wie manchmal behauptet wird — „als Bindeglied zwischen Denken und komplexer biologischer Realität" verwendet werden. Man muß den Satz umdrehen. Das mathematische Modell benötigt ein Bindeglied zur Wirklichkeit und das ist als biologisches Begriffssystem durch das Denken aus der Wirklichkeit abstrahiert. Eine falsche Orientierung in dieser Frage muß zu Illusionen über die Potenz der Biomathematik und zu einer Unterschätzung der theoretischen Tätigkeit der Biologen führen, welche die Gefahr einer Lähmung der schöpferischen Unrast mit sich bringt.

Ich komme hiermit zum Ausgangspunkt meiner Überlegungen zurück, den ich zum Abschluß unter dem Aspekt der Kreativität des Wissenschaftlers beleuchten möchte. Die Physik gibt das meines Erachtens für alle Wissenschaftszweige gültige Beispiel für die ausschlaggebende Rolle, welche die Intensität der von Theoretikern und Experimentatoren ausgeübten theoretischen Tätigkeit für ein hohes Niveau der Forschung spielt. Den Schlüssel zum Verständnis der verborgenen Struktur der Materie und der Gesetzmäßigkeiten ihrer Bewegung und Entwicklung zu finden, erfordert ideenreiche wissenschaftliche Intuition, Phantasie bis zur Verrücktheit, Beharrlichkeit, Konsequenz und Konzentration im Durchdenken des Problems, gekoppelt mit solider Fertigkeit in der Handhabung des mathematischen bzw. experimentellen Werkzeuges. Wesentlich ist der intensive rückhaltlose wissenschaftliche Meinungsstreit, d. h. der unbegrenzte Mut, Kritik zu üben und die unbedingte Bereitschaft, Kritik zu akzeptieren. Wie leicht es ist, eine für die Stimulierung schöpferischer Leistungen notwendige hohe Kultur der theoretischen Forschung zu zerstören, hat uns der Faschismus gezeigt. Wie hart es ist, sie wieder aufzubauen, wissen wir aus bitterer Erfahrung. Es ist ein schwieriger und langwieriger Weg. Um so wichtiger ist es, Illusionen über Patentlösungen über Bord zu werfen. Wissenschaftliche Arbeit erfordert die höchste geistige Anspannung. Nur wer sich dieser Forderung stellt, wird den Lohn der Entdeckerfreude ernten.

H. Stiller

Diskussionsbeitrag

Der von Akademiemitglied Fuchs gedanklich hervorragend gestaltete Vortrag enthält tiefgreifende Überlegungen zur dialektischen Wechselbeziehung zwischen Theorie und Experiment bei der Bewältigung des naturwissenschaftlichen Erkenntnisprozesses. Die hier geäußerten Erkenntnisse zeigen unter dem Aspekt der Geo- und Kosmoswissenschaften weitgehende Analogien und Vergleichsmöglichkeiten. Es gibt jedoch eine Reihe von Besonderheiten und Problemen im Bereich der Geo- und Kosmoswissenschaften, auf die ich kurz eingehen möchte, vor allem in Verbindung mit den von Fuchs zur Geologie und Kosmologie geäußerten Gedanken, die über das von mir zugearbeitete Basismaterial hinausgehen. Unter der Sicht von Entwicklungen in jüngster Zeit lassen sich einige Ergänzungen formulieren.

Bedingt durch die sich ständig modernisierende, auf Automatisierung und Datenverarbeitung hinzielende Technik an Observatorien und bei Satellitenexperimenten ergibt sich die Notwendigkeit, riesige Datenmengen zu bewältigen. Der Analyse dieser Datenmengen zur Aufdeckung und Formulierung von Prozessen in der Natur kommt eine große Bedeutung zu. Dabei stoßen wir auf Grenzen, die uns die Interpretation der teilweise sehr komplexen Naturvorgänge noch nicht beherrschen lassen. Dazu gehört die Tatsache, daß diese Vorgänge im allgemeinen nicht linear sind. Zudem spielt die Erfassung langzeitiger, Milliarden Jahre dauernder Prozesse eine entscheidende Rolle. Diese Prozesse verlaufen irreversibel, und die gegenwärtig verfügbaren Hilfsmittel der irreversiblen Thermodynamik zeigen für Anwendungen in Geo- und Kosmoswissenschaften erhebliche methodische Mängel. Außerdem sei bemerkt, daß Beobachtungen von den Planeten*oberflächen* her beim Rückschluß beispielsweise auf Prozesse und Ursachen im *Inneren* der Planeten die Lösung sehr komplizierter mathematischer Invers-Probleme erfordern.

Hier ist noch auf einen weiteren Wesenszug geophysikalischer Forschung aufmerksam zu machen: Die Struktur der Mikroobjekte muß theoretisch erschlossen werden. Anders ist das bei den Makroobjekten, deren Struktur infolge ihrer Ausmaße visuell erfaßt werden kann. Das Zeitintervall, in dem grundlegende Veränderungen vor sich gehen, ist jedoch in der Regel im Vergleich zu menschlichen Zeitmaßstäben außerordentlich groß. Daher wird, ausgehend von der Kenntnis der Struktur, hypothetisch zu erklären versucht, wie der vorangegangene Entwicklungsweg verlaufen sein müßte. Nach diesem Schema für die Makroobjekte vollzieht sich insbesondere der Erkenntnisprozeß in der Astronomie, Geologie und der Biologie, worauf Kedrow hingewiesen hat.

Trotz der genannten Grenzen läßt sich im Hinblick auf die Geologie und Kosmologie im Sinne der Ausführungen meines Leibniz-Vortrages 1974 sagen, daß die Entwicklungsprozesse innerhalb unseres Sonnensystems mit den verfügbaren Kenntnissen und Methoden der Physik, Chemie und Mathematik im Grundsatz interpretiert werden können. Das betrifft auch die Fragen der Berücksichtigung extremer Druck- und Temperaturbedingungen im Inneren der Planeten.

Vergleichende Betrachtungen zwischen den Verhältnissen in unserem Sonnensystem und den Bedingungen in anderen Sonnensystemen und galaktischen Konfigurationen lassen auf der Grundlage gegenwärtiger Überlegungen wesentliche Fortschritte auch in der Bewältigung des Erkenntnisprozesses für diese anscheinend recht rätselhaften kosmischen Phänomene erwarten.

B. Philipp

Diskussionsbeitrag

Die Bemerkung, daß die Mikrowelt gewissermaßen zeitlos sei, möchte ich aus der Sicht des Polymerchemikers nicht unerwidert lassen. Davon ausgehend, daß wir heute in der Polymerforschung zwei Hauptrichtungen des Erkenntnisfortschritts haben, nämlich einmal die nach wie vor dominierende Richtung des Auffindens, Charakterisierens und zweckmäßigen Einsetzens neuer Polymerwerkstoffe, zum anderen die stetig an Bedeutung gewinnende Richtung einer Erforschung der an Polymerstrukturen möglichen Prozesse der Stofftrennung und Stoffwandlung, der Energieumwandlung und Energieleitung und schließlich der Informationsspeicherung, Informationsübermittlung, wirft der heutige Vortrag für mich zwei Fragen auf: Welchen Einfluß hat die Vorgeschichte des einzelnen Makromoleküls wie des Molekülverbandes auf makroskopische Eigenschaften der betreffenden Polymerstruktur? Wie gestalten sich mögliche Informationsprozesse bei Einzelmolekülen und komplizierteren Strukturen organischer Polymerer?

Zunächst sei hier auf die große Bedeutung hingewiesen, welche die Übertragung von Gedankengängen der Festkörperphysik auf die Polymer-Werkstoffforschung in letzter Zeit gewonnen hat und weiter gewinnen wird. Jedoch sind durch die Anisotropie der Bindungen bei organischen Polymeren spezielle Ordnungszustände möglich, die durch das Modell des idealen Festkörpers nur sehr unvollkommen wiedergegeben werden. Wesentlich für das Verhalten des realen Polymerfestkörpers ist ein oftmals festzustellender starker Einfluß der Vorgeschichte auf die makroskopischen Eigenschaften, wie zum Beispiel Festigkeit, Elastizitätsverhalten oder Schmelzverhalten. Wie kürzlich durchgeführte Experimentalarbeiten eines Physikerkollektivs im Institut für Polymerenchemie unserer Akademie recht eindrucksvoll zeigten, beobachtet man unter bestimmten Bedingungen beim Kristallisieren aus einer Schmelze von Polyamid 6, also eines aus dem täglichen Leben bekannten Massenpolymeren, dem Ausgangsprodukt unserer Dederon-Faserstoffe, deutliche „Erinnerungseffekte“ an die frühere, vor dem Schmelzprozeß vorhandene Festkörperstruktur, und zwar sowohl im Gitteraufbau der hochgeordneten Bereiche als auch im morphologischen Habitus der entstehenden Gebilde. Diese Erscheinungen können wir vorerst nur phänomenologisch beschreiben. Wir werden jedoch auch hier schrittweise zu quantitativen Aussagen kommen können.

Die Aufklärung der an organischen Polymeren möglichen Prozesse der Stoffwandlung und Stofftrennung, der Energiewandlung und der Informationsspeicherung rückt die Frage nach solchen Gedächtniseffekten weiter in den Mittelpunkt. Wir erkennen heute noch keinen rationellen Weg, um einem einzelnen Makromolekül — analog den Nukleinsäuren im genetischen Code — bestimmte Informationen aufzuprägen und diese dann wieder abzulesen. Ich betone: keinen rationellen Weg, denn prinzipiell ist diese Aufgabe beispielsweise bei einer hinsichtlich der Abfolge der Bausteine gesteuerten schrittweisen Proteinsynthese und einer anschließenden entsprechenden Sequenzanalyse gelöst.

Interessanter hinsichtlich der experimentellen Realisierung ist jedoch der Einfluß der Vorgeschichte auf höheren Strukturebenen. So läßt sich zum Beispiel die Konformation der Molekülkette bestimmter Polyelektrolyte durch eine Veränderung des Milieus, in diesem Falle des pH-Wertes, beeinflussen, wobei ausgeprägte und mit Hilfe der Thermodynamik auch quantitativ erfaßbare Hystereseeffekte auftreten. Den Einfluß der Vorgeschichte bei Kristallisationserscheinungen aus der Schmelze, also bei der Ausbildung größerer Struktureinheiten, habe ich bereits erwähnt, und ich möchte an dieser Stelle nur noch darauf hinweisen, daß die Durchlässigkeit von Trennmembranen aus organischen Polymeren, und zwar auch solchen, die bereits großtechnisch eingesetzt werden, von der Vorbehandlung und damit von der Vorgeschichte des Materials abhängig ist.

Gestatten Sie mir schließlich noch eine Bemerkung zu der im Vortrag aufgeworfenen Frage des Zusammenwirkens von Physik und Biologie, ebenfalls wieder aus der Sicht des Polymerchemikers. Zweifellos hat die Anwendung physikalischer Prinzipien und Gedankengänge zur Interpretation biologischer Prozesse, wie sie in letzter Zeit zum Beispiel durch Veröffentlichungen von Eigen erfolgte, einen wesentlichen Fortschritt zum Verständnis solcher Vorgänge gebracht. Zwangsläufig muß jedoch bei einem solchen Vorgehen der vorerst nur qualitativ erfaßbare Faktor der morphologischen Vielfalt mit seinen zusätzlichen Möglichkeiten für eine „Registrierung der Vorgeschichte", also für eine Informationsaufprägung, außer Betracht bleiben, eine Informationsaufprägung wie sie — um eine schon recht komplizierte biologische Struktur als Beispiel heranzuziehen — etwa in den Jahresringen eines Baumstammes zum Ausdruck kommt.

Der heute erreichte Erkenntnisstand in der Chemie und Physik der organischen Hochpolymeren bietet nun die Möglichkeit einer experimentellen In-vitro-Modellierung, zum Beispiel von Membranprozessen oder von Fermentwirkungen. Diese Modelle gestatten eine gewisse Simulierung biologiespezifischer Parameter wie der Morphologie und Topologie der Struktur und der Vorgeschichte, sie haben den Vorteil der reproduzierbaren Herstellbarkeit, also einer gewissen Definiertheit, und sie lassen eine weitgehend quantitative Behandlung auf Basis chemischer und physikalischer Gesetzmäßigkeiten zu. Gerade in diesen hier aufgezeigten Richtungen sehe ich ein fruchtbares Feld für das künftige Zusammenwirken der drei Disziplinen Chemie, Physik und Biologie.

W. Schirmer

Diskussionsbeitrag

Die theoretische Physik übte durch die Entwicklung der grundsätzlichen Konzeption der Quantentheorie und durch die Methoden ihrer Anwendung auf chemisch reagierende Systeme großen Einfluß auf die theoretische Chemie aus. Gelegentlich neigt man heute dazu, die theoretische Chemie mit der Quantenchemie zu identifizieren. Das ist jedoch falsch. Die theoretische Chemie umfaßt auch die statistische Thermodynamik, die Thermodynamik irreversibler Prozesse und schließt theoretische Fragen der Grundlagen der chemischen Verfahrenstechnik mit ein.

Mit Hilfe der Quantenchemie gelingt es grundsätzlich, die für die Chemie so wichtigen Reaktionsparameter chemischer Systeme zu berechnen. Der Formalismus für das Vorgehen ist ausgearbeitet und hat sich bei der Anwendung auf einfachste Systeme bewährt. Gegenwärtig sind wir in der Lage, Potentialhyperflächen für Systeme mit maximal sieben Atomen und 32 Elektronen zu berechnen. Wir können erwarten, daß in Zukunft auch kompliziertere Systeme einer erfolgreichen Berechnung unterzogen werden; im allgemeinen gehen aber auch in diese Berechnungen bereits vereinfachende Annahmen ein.

So haben wir uns heute daran gewöhnt, die Born-Oppenheimersche Näherung oder die SCF-Approximation zu verwenden, ohne die Gültigkeit der hiermit erzielten Ergebnisse anzuzweifeln. Der Einsatz weiterer Näherungsverfahren wurde vorgeschlagen oder ist zu erwarten. Die Chemie selbst hat für die Berechnung von Reaktionsparametern halbempirische Modellvorstellungen wie den Übergangskomplex eingeführt, wobei sie ebenfalls wieder im Rahmen einer bestimmten Genauigkeit gewisse Erfolge erzielt.

Die hierbei gemachten Vereinfachungen sind oft so groß, daß die für wissenschaftliche und technische Zwecke interessierenden Reaktionsgeschwindigkeitskonstanten im Umfang von einer Zehnerpotenz variieren. Diese Genauigkeit reicht für viele praktisch interessierende Aufgaben aus. Dennoch ist das Streben nach geringerer Fehlerbreite zu erkennen. Die Übergangstheorie liefert nicht zuletzt deshalb keine exakteren Werte, weil es vor allem noch an experimentellen Methoden fehlt, um die genaue Struktur des Übergangskomplexes ermitteln und mit theoretischen Ergebnissen vergleichen zu können.

Die Feststellung der theoretischen Physiker, daß es mit Hilfe der Quantentheorie grundsätzlich möglich ist, reaktionskinetische Parameter zu bestimmen und daß deshalb das Problem grundsätzlich gelöst sei, trifft nach meiner Meinung nicht den Kern der Sache. Man kann sich auch nicht mit der Feststellung zufrieden geben, daß es nur eine Frage der Entwicklung der Rechentechnik sei, exakte Methoden auf immer komplexere Systeme anwenden zu können. Die Chemie hat es bei fast allen wissenschaftlich und technisch interessierenden Reaktionen mit sehr komplexen Systemen zu tun. Wie wir im Zentralinstitut für physikalische Chemie bereits bei der Modellierung eines einfachen technischen Vorganges, nämlich der Adsorption und der Desorption von Kohlenwasserstoffen an Zeolithen, feststellen konnten, wächst die Zahl der in technischen Prozessen zu berücksichtigenden Parameter so stark an, daß stets Vereinfachungen vorgenommen werden müssen, um das Modell für die Praxis „handhabbar" zu machen. Allein die Auswahl der vorzunehmenden Vereinfachungen stellt oft ein wissenschaftliches Problem von hohem Range dar.

Auch für das Problem der Grundlagenforschung trifft der komplexe Charakter der in der Chemie auftretenden Erscheinungen zu. So ist zum Beispiel die Valenzschwingung der OH-Gruppe des Wassermoleküls durch spektroskopische Methoden eindeutig und exakt bestimmbar. Tritt aber die OH-Gruppe nicht im isolierten Wassermolekül, sondern an der Oberfläche eines Festkörpers auf, so können wir je nach Einfluß der Struktur des Festkörpers auf die adsorbierte OH-Gruppe viele verschiedene spektroskopische Signale, die unterschiedlichen Bindungsfestigkeiten entsprechen, erwarten. Eine exakte theoretische Berechnung dieser verschiedenen Größen müßte sämtliche Einflüsse auf diese OH-Bindung ermitteln. Der Umfang der hierbei zu leistenden Rechenarbeiten würde so stark ansteigen, daß eine exakte Lösung nicht realisiert werden kann. Wir sollten es daher bei chemischen Systemen als ein legales Vorgehen betrachten, stets nach vereinfachenden Modellvorstellungen zu suchen und dabei diese in Form von feststehenden Lösungsvorschlägen, gewissermaßen als „Unterprogramme", in die Rechnungen einzuführen.

Im vorliegenden Material wird eine Art Aufgabenteilung zwischen der Physik und der Chemie in dem Sinne vorgeschlagen, daß sich die Physik mehr der quantitativen Seite, die Chemie stärker der qualitativen Seite der Deutung der Erscheinungen zuwendet. Ich halte dies nicht ganz für zutreffend. Schon zu Beginn des 19. Jahrhunderts war die Chemie auf die quantitative Erfassung des Reaktionsablaufes eingestellt. Die Stöchiometrie ist Ausdruck dieses Vorgehens. Daß die Chemie hierbei überwiegend physikalische Methoden wie Volumen- und Massebestimmung einsetzte, ist unbestritten. Aber ohne quantitative Angaben hätten keine Reaktionsgleichungen, keine Strukturformeln, keine Modelle über die chemische Bindung entwickelt werden können.

Ich sehe eine andere Unterscheidungsmöglichkeit zwischen Physik und Chemie. Die von der theoretischen Physik abgeleiteten grundsätzlichen Erkenntnisse und Gesetzmäßigkeiten wurden zunächst stets an idealen Systemen und Modellvorstellungen gefunden (ideales Gas, ideale Flüssigkeit, idealer Festkörper). Diese Modelle haben ihre Leistungsfähigkeit bewiesen. Die Chemie muß sich für die Untersuchung der Stoffwandlungsvorgänge aber stets mit den sehr viel komplexeren realen Systemen auseinandersetzen, in denen die Zahl der einflußnehmenden Parameter beträchtlich größer als bei den idealen Systemen ist. Hier liegt eine prinzipielle Schwierigkeit: Während das reale Gas mit verhältnismäßig wenig Veränderungen die Ergebnisse der Berechnung von Parametern des idealen Gases übernehmen kann, bereitet die exaktere theoretische Fundierung realer Flüssigkeiten und Festkörper heute noch fast unüberwindliche Schwierigkeiten. In kondensierten Phasen sind die Wechselwirkungen zwischen den beteiligten Molekülen so komplex, daß eine Aufspaltung in physikalisch begründete und mathematisch beherrschbare Beziehungen noch nicht zufriedenstellend gelungen ist. Aber mit realen Festkörpern haben wir es zu tun, wenn wir Probleme der Adsorption oder der heterogenen Katalyse theoretisch beherrschen wollen. Um Mißverständnissen vorzubeugen sei hinzugefügt, daß ich mit vorstehenden Bemerkungen nicht behaupten möchte, die Physik beschäftige sich ausschließlich mit idealen Systemen; aber zweifellos hat hier die theoretische Physik bisher die größten Erkenntnisfortschritte erzielt.

Aus dem oben Genannten folgt, daß wir eben zur Zeit noch keine geschlossene Theorie der Adsorption oder der heterogenen Katalyse haben, daß wir noch nicht die strahlen- und mechanochemische Aktivierung von Festkörpern in vollem Umfange theoretisch beherrschen. Das alles sind Aufgaben, die die Chemie auch in Zukunft mit der theoretischen Physik gemeinsam bearbeiten sollte.

Welche konkreten Fortschritte erwartet der Chemiker in naher Zukunft in der Beherrschung reaktionskinetischer Probleme von der Quantentheorie?

1. Eine schnelle Entwicklung von Lösungen für das Reaktionsverhalten kleiner Moleküle und Radikale vor allem bei Reaktionen im Temperaturbereich über 3000 °K. In diesem Bereich können bekanntlich thermodynamische oder kinetische Experimente entweder gar nicht oder nur mit großen Schwierigkeiten durchgeführt werden. Die bei niedrigeren Temperaturen zur Bestimmung von Molekülparametern bewährten spektroskopischen Methoden versagen hier ebenfalls, da das Modell des harmonischen Oszillators nicht mehr gilt und es auch zu zusätzlichen Erscheinungen wie der Moleküldissoziation und der Ionisation kommt.

Für die technische Praxis werden Reaktionen im Plasma einer elektrischen Entladung immer bedeutungsvoller. Bei der Acetylengewinnung aus Kohlenwasserstoffen treten Radikalreaktionen wie

$$C_2H + H_2 \rightleftharpoons C_2H_2 + H$$

in solchem Umfang auf, daß sie einen Einfluß auf den Ablauf der Gesamtreaktion haben. Der Chemiker, der sich mit diesen Fragen befaßt, ist daran interessiert, solche Reaktionen theoretisch berechnen zu können, und gerade auf diesem Wissenschaftsgebiet erwarten wir in den nächsten fünf Jahren einen wesentlichen Fortschritt.

Die oben genannten und andere ähnliche Reaktionen wurden durch spektroskopische Methoden auch in außerirdischen Systemen nachgewiesen. Kosmische Systeme sind unserem experimentellen Zugriff erst recht entzogen. Es ist daher von großer Bedeutung, die theoretischen Grundlagen dieser Reaktionen beherrschen zu können, um Vergleiche mit den Informationen anstellen zu können, die uns durch astrophysikalische Untersuchungen zugänglich sind. Im vorliegenden Falle konnte die weitgehende Übereinstimmung der gemessenen und berechneten Daten festgestellt werden.

2. Kettenreaktionen wie

$$F + H_2 \rightleftharpoons HF + H$$

sind als Grundreaktionen für einen möglichen chemischen Laser nicht nur für die Chemie, sondern auch für die Energiewirtschaft von Interesse. Durch das Auftreten von Besetzungsinversionen besitzen diese Systeme auch große Bedeutung für theoretische Fragen. Deshalb sind Methoden zur Berechnung der Reaktionsparameter dieser Elementarreaktionen von hohem wissenschaftlichen Interesse.

3. Die Quantentheorie leistet aber nicht nur numerische Beiträge zur Lösung einzelner chemischer Probleme. Sie ist in der Lage, neue Erkenntnisse von allgemeinerem Charakter zu gewinnen und sie zu verallgemeinern.

In Zusammenarbeit mit dem Zentralinstitut für Optik und Spektroskopie wurden am Zentralinstitut für physikalische Chemie umfangreiche Untersuchungen über Polymethin- und Cyaninfarbstoffe durchgeführt, die als Sensibilisierungsfarbstoffe große Bedeutung für die fotografische Industrie haben. Die strukturexperimentellen und theoretischen Arbeiten führten zu einer genauen Bestimmung der Elektronendichte, der Bindungslängen und der Bindungswinkel. Unregelmäßigkeiten im Molekülaufbau konnten erkannt werden, woraus sich verallgemeinerungsfähige Schlußfolgerungen über die Beziehungen zwischen der Molekülstruktur und physikalischen Eigenschaften, zum Beispiel dem Absorptionsvermögen dieser Farbstoffe, ableiten lassen.

In diesem Falle trägt die Theorie dazu bei, Hinweise für die gezielte Synthese solcher Farbstoffe zu geben und die entsprechende experimentell-präparative Arbeit zu rationalisieren. Ähnliche Beispiele sind in größerer Zahl bekannt.

4. Einen wertvollen Beitrag leistete die Quantenchemie in den letzten Jahren durch die Deutung der Natur der Wasserstoffbrückenbindung. Damit lassen sich heute komplizierte chemische Fragen wie das Auftreten des HF_2-Ions oder die Auswahl von Extraktionsmitteln für die Flüssigphasenextraktion oder die Wechselwirkung von Wassermolekülen mit Festkörperoberflächen verschiedener Struktur erklären.

Die Wasserstoffbrückenbindung ist von großer Bedeutung für die Biologie, da sie zu einem großen Teil die Struktur der Peptidketten und der Gene bestimmt und maßgeblich für ihr Verhalten und ihre Wirkung verantwortlich ist. Auch Mutationserscheinungen müssen zu einem Teil auf den Einfluß der Wasserstoffbrückenbindung zurückgeführt werden.

Wir haben es also mit einem Problem zu tun, das sowohl in der Chemie als auch in der Biologie auftritt und dessen theoretische Beherrschung für mehrere Naturwissenschaften von großer Bedeutung ist.

Im vorliegenden Material wird überzeugend nachgewiesen, daß die Theorie immer stärkere Bedeutung für die einzelnen naturwissenschaftlichen Disziplinen gewinnt. Der Schlußfolgerung jedoch, daß das zur Entwicklung gesonderter theoretischer Naturwissenschaften führt, kann ich mich nicht anschließen. Mit dieser Formulierung wird auch die sonst im vorgelegten Material zu Recht so stark betonte Wechselwirkung zwischen Theorie und Experiment ignoriert.

Was die theoretische Chemie anbelangt, so ist sie zweifellos ein Wissenschaftsgebiet mit eigenen Methoden und Problemstellungen innerhalb der Chemie. Aber die starke notwendige Kopplung mit dem Experiment, das Angewiesensein auf eine enge Kooperation mit allen Teilgebieten der Chemie machen es dringend erforderlich, die theoretische Chemie innerhalb der Naturwissenschaft Chemie zu konzipieren und zu betreiben. Ich möchte mich daher gegen den Versuch wenden, der theoretischen Chemie den Charakter einer „eigenständigen" naturwissenschaftlichen Disziplin zuzuerkennen.

K. Schwabe

Diskussionsbeitrag

Zu den Beziehungen der theoretischen Physik zur Chemie möchte ich folgendes sagen:

Ich stimme mit den Thesen zu diesem Punkt in den „Bemerkungen“ im Prinzip überein. Die Bedeutung der Wellenmechanik für die chemische Bindung, damit die Konstitution der Moleküle und ihr Reaktionsverhalten, liegt im Prinzipiellen, einem vertieften Verständnis der physikalischen Natur der chemischen Bindung. Für spezielle Fälle in der ungeheuren Vielfalt der Moleküle der unbelebten und belebten Welt das Reaktionsverhalten und die Reaktionsgeschwindigkeit quantitativ vorauszuberechnen, ist man damit nicht in der Lage. Die meisten Berechnungen bestätigen nur experimentell ermittelte Ergebnisse.

Es fragt sich, ob angesichts der vielen dringlichen technischen Probleme, die für die Verbesserung unserer Lebensbedingungen in einer ständig wachsenden Menschheit gelöst werden müssen und lösbar sind, der Aufwand an Theoretikern, an Rechenmaschinen und Hilfspersonal, der für die Quantenchemie in aller Welt zur Zeit getrieben wird, im richtigen Verhältnis steht zu den Ergebnissen, die nach unserem heutigen Erkenntnisstand zu erwarten sind. Ich glaube, daß die heutige Weltsituation allgemein von jedem Wissenschaftler in unserer sozialistischen Gesellschaft verlangt, zu prüfen, ob der Aufwand, der für sein Arbeitsgebiet getrieben wird, dem zu erwartenden Ergebnis entspricht, das gilt erst recht für eine Akademie, der die Entwicklung der Grundlagenforschung anvertraut ist. Solange über die zu erwartendenden Resultate keine zuverlässigen Aussagen möglich sind, mit anderen Worten das Risiko außerordentlich groß ist, darf nach einem alten pragmatischen ökonomischen Prinzip der Aufwand für diese Forschung keinesfalls zu Lasten anderer dringlicher und mit Sicherheit lösbarer Aufgaben gehen.

Es gibt auch Beispiele, wo der Gewinn an theoretischer Erkenntnis keine wesentlichen Gewinne für die Praxis erwarten läßt, weil die Vielfalt der praktisch wirksamen Parameter und ihre Nichtreproduzierbarkeit keine sinnvolle Verwertung zuläßt. Ein Beispiel: Die Auflösung eines Metalls insbesondere des Eisens, also die Korrosion, ist eine Grenzflächenreaktion. Die Aufklärung ihres Mechanismus wird von einer großen Zahl von Elektrochemikern und Werkstoff-Forschern seit vielen Jahren bearbeitet, ohne daß sie restlos gelungen ist. Man kennt die prinzipiellen Voraussetzungen für den Ablauf der Reaktion. Andererseits ist erwiesen, daß mit allen uns in Laboratorien zur Verfügung stehenden Mitteln nicht möglich ist und erst recht in der Praxis nicht möglich sein wird, eine Eisenoberfläche reproduzierbar herzustellen, d. h. zweimal die Oberfläche der gleichen Probe so zu behandeln, daß sie streng dasselbe elektrochemische Verhalten zeigt, die Streuungen im Laboratorium sind schon mindestens 10%. Ein Gewinn aus detaillierten theoretischen Erkenntnissen über den Auflösungsmechanismus ist also wegen der praktischen Irreproduzierbarkeit der Oberfläche und der dort ablaufenden Vorgänge für die Praxis ganz unwahrscheinlich. Deshalb haben sich die Väter der Elektrodenkinetik Volmer, Frumkin oder Heyrovsky mit den Reaktionen am Quecksilber mit seiner homogenen, flüssigen und damit reproduzierbaren Oberfläche beschäftigt. Die nicht reproduzierbaren energetischen Unterschiede an der festen Metalloberfläche können das Reaktionsverhalten so beeinflussen, daß eine theoretische Voraussage des spezifischen Verhaltens unmöglich wird. Die für solche theoretischen Erkenntnisse aufgewendete Zeit und die Mittel bringen sicher keinen ausreichenden volkswirtschaftlichen Nutzen. Das trifft natürlich auch auf andere Grenzflächenreaktionen an Festkörpern zu. Man hat also zu prüfen, wieweit die theoretische Aussage auf Grund der Reproduzierbarkeit der praktischen Bedingungen überhaupt verwertbar ist.

J. Auth

Diskussionsbeitrag

Wenn wir die Rolle der Theorie bei der Lösung technischer Probleme, so z. B. bei der Schaffung neuer oder bei der Weiterentwicklung bekannter elektronischer Bauelemente, richtig verstehen wollen und daraus praktisch nutzbare Schlußfolgerungen ziehen wollen, so ist es besonders wichtig, den Begriff der Theorie nicht eng oder einseitig zu sehen. Ich möchte darum die 3. These von Klaus Fuchs „Die Theorie ist die Gesamtheit der Erkenntnis über die gesetzmäßigen Zusammenhänge auf dem betreffenden Gebiet. Sie ist das gemeinsame Ergebnis der experimentellen und theoretischen Tätigkeit. Die Theorie der Physik ist der wesentlichste Inhalt der Physik" hier ausdrücklich unterstreichen und zum Ausgangspunkt meiner Diskussionsbemerkung machen.

Es wurde hier über den Zusammenhang zwischen Theorienbildung und Mathematisierung gesprochen. Die Mathematisierung ist eine sehr wichtige, wesentliche Seite der physikalisch-theoretischen Durchdringung eines Problems. Oft ist sie auch von direkter praktischer Bedeutung. Wir dürfen z. B. nicht vergessen, daß bereits der Entwurf einer elektronischen Schaltung, die Dimensionierung eines einfachen Schwingkreises die elementare Anwendung einer mathematisierten physikalischen Theorie — der Maxwellschen Elektrodynamik — ist. Die aus der Theorie folgenden quantitativen Zusammenhänge werden hier unmittelbar ausgenutzt. Weniger elementare Beispiele ließen sich bei der Berechnung und Optimierung von Hohlleiterbauelementen, von Hohlraumresonatoren für die Mikrowellentechnik, von elektronenoptischen Systemen für Bildwiedergaberöhren oder Mikrowellengeneratoren finden. Besonders die Mikrowellengeneratoren scheinen mir sehr gute Beispiele zu sein, läßt sich doch schon die Wirkungsweise eines Wanderwellenverstärkers oder eines Rückwärtswellengenerators nur mit einem gewissen Aufwand an Mathematik genauer beschreiben. Diese Beispiele unterstreichen zugleich die von Robert Rompe mehrfach geäußerte Ansicht, daß die mathematische Beschreibung überall dort zu praktisch verwertbaren Ergebnissen führt, wo die Grundgleichungen der Physik und Elementarkonstanten im wesentlichen zur Beschreibung ausreichen und nicht Materialkonstanten im Vordergrund stehen. In unseren Beispielen handelt es sich im wesentlichen um die Bewegungsgleichungen der Mechanik und die Maxwellschen Gleichungen. Wichtige Größen, die in die Rechnung eingehen, sind die Masse des Elektrons, die Elementarladung und die Lichtgeschwindigkeit. Diese Beispiele sind zugleich eine Illustration dafür, welche große Bedeutung die klassische Physik auch heute noch für die moderne Technik besitzt.

Aber das ist nur eine Seite des Problems. Wir dürfen den Nutzen einer Theorie auf keinen Fall nur als Mathematisierung auffassen, nicht erst dann spielt die Theorie für die Lösung technischer oder allgemeiner praktischer Probleme eine wichtige Rolle, wenn es gelingt, mit Hilfe mehr oder weniger komplizierter mathematischer Methoden und mehr oder weniger aufwendiger Elektronenrechner Eigenschaften und Verhaltensweisen mit der erforderlichen Genauigkeit vorauszuberechnen. Letzteres wird in vielen Fällen auch nicht annähernd möglich sein. Lassen Sie mich bei unseren Beispielen bleiben. Wir dürfen z. B. nicht vergessen, daß solche Mikrowellenröhren, wie wir sie vorhin erwähnten, nicht nur aus sich im Hochvakuum bewegenden Elektronenstrahlen bestehen. Diese Elektronenstrahlen müssen ja erst einmal erzeugt werden, und dazu gehören leistungsfähige Elektronenquellen. Hier kann uns der mathematische Formalismus direkt wesentlich weniger oder sogar gar nichts helfen. Wohl aber wird uns die Theorie eine große Hilfe sein, vor allem eine heuristische Hilfe für die zweckmäßige Anlage empirischer Untersuchung, für die Eingrenzung des Suchraumes, für die Interpretation der erhaltenen Ergebnisse. Es ist nicht vorstellbar, daß die durch experimentelle Arbeit erzielten Erfolge bei der Schaffung leistungsfähiger Kathoden hätten auch erzielt werden können, ohne über im Prinzip zutreffende theoretische Vorstellungen über den Mechanismus von Oxidkathoden zu verfügen. Hier kommt dann das gesamte Gebäude der modernen Festkörperphysik ins Spiel, das auf der Grundlage der Quantentheorie entstand. Ähnlich dürfte die Situation auf dem Gebiet der Leuchtstoffe sein, auch hier ist kaum etwas der direkten Berechnung zugänglich, aber auch hier ist kein Erfolg denkbar, ohne zutreffende Vorstellungen über den Mechanismus der Lumineszenz zum Ausgangspunkt der empirischen Untersuchung zu nehmen. Auch das ist ein Beispiel für die Fruchtbarkeit der „Theorie der Physik“, hier der Festkörperphysik, die mehr umfaßt als das, was gegenwärtig einer exakten mathematischen Behandlung zugänglich ist.

Wenn wir hier auf Grenzen einer mathematischen Behandlung, auf die Grenzen der Mathematisierung hingewiesen haben, so richtet sich das natürlich niemals gegen das, was über die Rolle der Mathematik bei der Theorienbildung gesagt wurde. Selbstverständlich ist die Festkörperphysik unter sehr intensiver Nutzung moderner mathematischer Methoden und Begriffsbildungen entstanden, ihre Ergebnisse und Erkenntnisse sind tiefer nur unter Verwendung des entsprechenden mathematischen Apparates darstellbar und verständlich. Das für die Lösung des praktischen, technischen Problems Wertvolle sind in unserem Falle dann aber nicht die näherungsweise erhältlichen quantitativen Ergebnisse, sondern die qualitativen Aussagen.

Ein hervorragendes Beispiel dafür, was die Theorie in diesem Sinne zu leisten vermag, ist mit der Erfindung des Transistors verknüpft. Ich meine damit die Interpretation des von Bardeen und Brattain im Dezember 1947 gefundenen Transistoreffektes als einen Injektionseffekt in einer pnp-Halbleiterstruktur. Ohne diese Erkenntnis wäre der Übergang von den so labilen und schwierig herstellbaren Spitzentransistoren zum Flächentransistor nicht möglich gewesen, und damit hätte die ganze Entwicklung der modernen Halbleitertechnik und Mikroelektronik nicht den imponierenden Verlauf nehmen können, den sie tatsächlich genommen hat.

In dieser Entwicklung hat die gesamte Forschungsarbeit zur Theorie der elektrischen Leitfähigkeit, beginnend mit den einfachen klassischen Vorstellungen von Drude aus dem Jahre 1900 bis zu den quantentheoretischen Arbeiten von Sommerfeld, Bethe, Bloch, Peierls, Wilson, Nordheim u. a. Ende der 20iger und Anfang der 30iger Jahre, eine praktische Umsetzung erfahren. In diesem Sinne fußt die gesamte neuere Elektronik mit ihren Festkörperschaltkreisen, Feldeffekttransistoren, Laserdioden, Symbolanzeigeelementen, Speichern oder mit ihren Leistungsgleichrichtern wesentlich auf der theoretischen Physik. Für ihre Realisierung waren jedoch experimentell-physikalische und technologische Forschungs- und Entwicklungsarbeiten in einem gewaltigen Umfang in vielen Ländern der Erde nötig, die ihrerseits wieder vieles zur Entwicklung der theoretischen Festkörperphysik beigetragen haben.

Die wichtigste Grundlage, oder besser Grunderscheinung für diese genannten Halbleiterbauelemente, ist die Tatsache, daß in einem kristallinen Festkörper gleichzeitig positive und negative Ladungsträger mit annähernd gleichwertigen Eigenschaften am Stromtransport beteiligt sein können[1], ist ein nur aus der Quantentheorie heraus verständlicher Effekt. Man bezeichnet diese beiden Ladungsträgersorten als Elektronen und Defektelektronen oder Löcher. Die fundamentale Bedeutung, die die Existenz derartiger Elementaranregungen, wie wir heute öfter sagen, besitzt, wird auch daraus deutlich, daß W. Shockley sein 1950 erschienenes für die gesamte Transistorentwicklung grundlegendes Werk „Electrons and Holes in Semiconductors“ genannt hat.

---

[1] Mit dieser Bemerkung wollen wir uns von der Ionenleitung in festen Elektrolyten abgrenzen.

Andere Beispiele, wo nur aus der Quantentheorie verständliche Effekte zu neuen Bauelementeprinzipien führten, sind die Tunneldiode von Leo Esaki und die Rückwärtsdiode; die letztere, eine Spezialdiode für sehr kleine Spannungen in der Meßtechnik, ist übrigens die Realisierung einer vor über 40 Jahren von Nordheim entwickelten Theorie des Gleichrichtereffektes, die damals wegen der falschen Richtung des erhaltenen Gleichrichtereffeks verworfen wurde. Manch anderes Beispiel ließe sich hinzufügen.

Man kann sich nun natürlich die Frage vorlegen — welchen Sinn hat das, hier über den Inhalt des Begriffs Theorie in der Physik zu diskutieren. Man könnte sich fragen, ist das nicht nur Streit um Worte, der nichts bewegt? Ich glaube das nicht! Wir müssen uns doch darüber klar sein, was wir meinen, wenn wir fordern, daß das theoretische Niveau in der Lehre bei diesem oder jenem Fach erhöht werden soll. Meinen wir, daß der gleiche Sachverhalt mit einem anspruchsvolleren, allgemeineren Formalismus vermittelt werden soll, daß der Abstraktionsgrad weiter vorangetrieben werden soll, oder meinen wir, daß eine tiefere Einsicht in die komplizierten Zusammenhänge realer Erscheinungen, die einer Formalisierung viel schwerer zugänglich sind als die reinen Fälle, erreicht wird. Ich glaube, daß hier die von Fuchs gemachten Ausführungen einen wichtigen Beitrag zur Klärung geleistet haben. Besonders denke ich dabei an die These: „Die wissenschaftliche Denk- und Arbeitsweise“ besteht in der Einheit der theoretischen und experimentellen Tätigkeit, die — trotz der in der Arbeit notwendigen Differenzierung — im Denken des Theoretikers und Experimentators realisiert werden muß.“

Physiker so auszubilden, daß sie dieser Forderung immer besser gerecht werden können, das bedeutet meines Erachtens das theoretische Niveau in der Lehre zu erhöhen.

W. Brauer

Diskussionsbeitrag

Ich möchte in der gebotenen Kürze an drei konkreten Beispielen aus der Entwicklung der Physik aufzeigen, in wie verschiedener Weise experimentelles und theoretisches Vorgehen sich bei der Erkenntnisfindung gegenseitig beeinflussen und derart gemeinsam zum Fortschreiten der Wissenschaft beitragen.

Die beiden ersten Exempel reichen in das vorige Jahrhundert zurück, das letzte, die Entdeckung der Josephson-Effekte, ist ein Ergebnis der jüngeren Vergangenheit. Im einzelnen erinnere ich erstens an das Gesetz von Wiedemann und Franz, das eigentlich am Anfang der ganzen Festkörperphysik steht. Es wurde im Jahre 1853 gefunden und besagt, daß der Quotient aus den Leitfähigkeiten für Wärme und Elektrizität für alle Metalle der gleiche ist. Bedenkt man die so sehr verschiedenartigen Leitfähigkeiten, spezifischen Gewichte, Farben, Härten usw. dieser großen Stoffklasse, so mußte diesem, unabhängig von aller Theorie gefundenen Gesetz wohl eine ganz fundamentale Ursache zugrunde liegen. Es dauerte fast 50 Jahre, bis Drude um 1900 erkannte, was sich hinter dem Gesetz von Wiedemann und Franz verbarg. Daß nämlich in allen Metallen vorhandene quasifreie Elektronen Wärme und Elektrizität transportieren, ganz wie die Moleküle in einem Gas. Der überzeugende Beweis dafür gelang Drude durch die Ableitung des Wiedemann-Franzschen Gesetzes auf Grund dieser Vorstellungen, womit er zugleich die Elektronen-Theorie der festen Körper begründete.

Hier stieß also das geeignet ausgewählte Experiment die Theorie gerade an der richtigen Stelle an. Es sei nur erwähnt, daß diese in ihrer konsequenten Weiterentwicklung dann allerdings bald vor neuen unüberwindlichen Schwierigkeiten stand. Als man es nämlich unternahm, in ihrem Rahmen die spezifische Wärme der Metalle zu berechnen, ergab sich ein krasser Widerspruch zu den bereits bekannten Meßresultaten. Es gehört zu den Seltsamkeiten der historischen Entwicklung der neueren Physik, daß die endliche Lösung des Rätsels in jener Arbeit Max Plancks verborgen lag, die im gleichen Band 1 der Annalen der Physik des Jahres 1900 erschien, der die Publikation von Drude enthielt.

Doch damit sind wir bereits beim zweiten Beispiel, dem Planckschen Gesetz. Ähnlich wie dasjenige von Wiedemann und Franz beinhaltet es eine von spezieller Materie unabhängige Aussage, nämlich die, daß das Emissionsvermögen eines schwarzen Körpers nur von dessen Temperatur abhängt. Kirchhoff erkannte dies rein theoretisch bereits im Jahre 1859 als Folge des zweiten Hauptsatzes der Thermodynamik und stellte der theoretischen Physik die Aufgabe, diese Funktion zu bestimmen.

Wiederum vergingen einige Jahrzehnte, bis gegen Ende des Jahrhunderts Wien und Planck eine Funktion angeben und begründen konnten, welche zu den damals vorliegenden experimentellen Fakten befriedigend paßte. Doch als bald danach Rubens und Kurlbaum durch verfeinerte Messungen zeigen konnten, daß jenes nach der bisherigen Theorie scheinbar so naheliegende Gesetz die Wirklichkeit nicht korrekt wiedergibt, da war Planck gezwungen, die Grenzen der damaligen Physik zu überschreiten, um über seine Hypothese der Energiequanten zum endgültigen, die Erfahrung vollkommen beschreibenden Strahlungsgesetz zu gelangen. In diesem Falle wurde also von der Theorie zunächst eine Fragestellung aufgeworfen und mit ihren Mitteln beantwortet. Das Experiment erzwang dann die Korrektur dieser Antwort und eröffnete damit zugleich eine ganz neue Entwicklung der Theorie.

Das dritte und letzte Beispiel für diese in so verschiedener Gestalt auftretende gegenseitige Beeinflussung von Theorie und Experiment bezieht sich, wie bereits erwähnt, auf die von Josephson 1962 prognostizierten Effekte an supraleitenden Übergängen. Ohne sich auf irgendwelche diesbezüglichen experimentellen Fakten stützen zu können, untersuchte dieser mit Hilfe der seit dem Jahre 1957 zur Verfügung stehenden Theorie der Supraleitfähigkeit von Bardeen, Cooper und Schrieffer das Problem des quantenmechanischen Tunnelns von Elektronenpaaren zwischen zwei beliebigen benachbarten Supraleitern, die durch eine dünne Isolatorschicht getrennt sind. Im Ergebnis seiner recht komplizierten Betrachtungen gelangte Josephson dabei u. a. zu der Aussage: Wenn man an das System Supraleiter — dünne Isolatorschicht — Supraleiter eine Gleichspannung V legt, so fließt durch die Isolatorschicht ein Wechselstrom der Frequenz $\omega = (2e/\hbar)V$, unabhängig von den speziell gewählten Stoffen. Abgesehen von der überraschenden Konsequenz eines Wechselstroms bei angelegter Gleichspannung führt die Tatsache der spezifischen Materieindifferenz der Josephson-Formel, analog der Situation beim Planckschen Gesetz, zur Möglichkeit der Bestimmung von Elementarkonstantenkombinationen, hier eben der Größe $e/\hbar$. Tatsächlich kennen wir heute keine genauere Methode zur Messung von $e/\hbar$ als die auf dem Josephson-Effekt beruhende.

Im vorliegenden Fall floß also im Unterschied zur Planckschen und zur Drudeschen Arbeit die neue und vollkommen korrekte Erkenntnis allein aus der bereits vorliegenden allgemeinen Theorie; denn bereits ein Jahr nach ihrer Vorhersage wurden die Josephson-Effekte im Experiment sämtlich gefunden (Shapiro u. a., 1963).

Damit war erneut an einem sehr durchsichtigen Beispiel die Leistungsfähigkeit theoretisch-physikalischer Forschung bei der Aufdeckung neuer Naturerkenntnisse unter Beweis gestellt. In ihrem Verfolg ergab sich dann übrigens eine ganze Reihe von Anwendungen der neuen Effekte, unter denen Magnetometer mit einer Empfindlichkeit von 10^{-10} G ein besonders eindrucksvolles Beispiel darstellen.

H. Hörz

Diskussionsbeitrag

Die Physik liefert wichtiges Material zur naturwissenschaftlichen Fundierung des philosophischen Materialismus und der materialistischen Dialektik. So erwiesen sich als philosophisch bedeutsam die Quantentheorie mit ihren Beiträgen zur Subjekt—Objekt-Dialektik und zum Verhältnis von Gesetz und Zufall; die Relativitätstheorie mit ihrer Präzisierung der Raum-Zeit-Auffassung; Thermodynamik, Kosmologie und Elementarteilchentheorien mit ihrer Problematik von Symmetrie und Asymmetrie. Oft treten alte philosophische Probleme modifiziert mit neuen physikalischen Theorien auf und es ist nicht immer einfach, die neuen philosophischen Aspekte herauszufinden. Dabei ist für den Philosophen der Meinungsstreit unter den Physikern um physikalische Hypothesen und Ansätze zu neuen Theorien wichtig, weil hier philosophische Hypothesen entstehen, d. h. wissenschaftlich begründete Vermutungen über den zukünftigen Beitrag der Physik zur Präzisierung philosophischer Aussagen. Immer mehr tritt, auch in der internationalen Diskussion zu philosophischen Problemen der Physik, die erkenntnistheoretische und methodologische Fragestellung in den Vordergrund, zu deren Beantwortung die materialistische Dialektik genutzt werden kann. Ausgehend von philosophischen Einsichten in die Dialektik des Erkenntnisprozesses sollen Anmerkungen zu zwei philosophischen Aspekten physikalischer Theorienbildung gemacht werden, die in der Diskussion um die Entwicklung der theoretischen Physik eine Rolle spielen, nämlich das Verhältnis von Experiment und Theorie und der Reduktionismus.

Das Verhältnis von Experiment und Theorie weist eine Reihe von theoretischen Bindegliedern auf, deren Untersuchung nicht nur die Kompliziertheit des Erkenntnisprozesses verdeutlicht, sondern auch einige Folgerungen für die Diskussionen zu erkenntnistheoretischen Problemen unter Physikern zuläßt. Das zeigt die Stellungnahme von Einstein und Heisenberg zur Theorienbildung. Nach Einstein brachte die Relativitätstheorie die Einsicht mit sich, daß der Versuch Grundbegriffe und Grundgesetze der Mechanik aus elementaren Erfahrungen abzuleiten, zum Scheitern verurteilt ist. Nach ihm können brauchbare mathematische Begriffe durch Erfahrung wohl nahegelegt, aber keinesfalls aus ihr abgeleitet werden. Die Natur ist für ihn die Realisierung des mathematisch denkbar Einfachsten. Erfahrung bleibt zwar das einzige Kriterium der Brauchbarkeit einer mathematischen Konstruktion für die Physik, das eigentlich schöpferische Prinzip liegt in der Mathematik. Heisenberg dagegen schildert einen anderen Aspekt des Erkenntnisprozesses, der in der Entwicklung der Quantenmechanik eine Rolle spielte, wie sie besonders in Kopenhagen durch Niels Bohr beeinflußt wurde. Nach Heisenberg sind Bilder über die physikalischen Objekte aus Erfahrungen erschlossen oder erraten und nicht aus theoretischen Berechnungen gewonnen. Durch ständige Überlegungen zur Erkenntnissituation bildeten sich neue Begriffe heraus, mit denen die unanschaulichen Vorgänge im Atom erfaßt werden konnten. Beide Auffassungen machen Aspekte, manchmal in überspitzter Form, des Erkenntnisprozesses deutlich. So werden mathematische Ausgangsgleichungen aufgestellt und ihre physikalischen Konsequenzen überprüft, wobei die Theorie mit Hilfe von Modellen überprüft und veranschaulicht werden kann. Ein anderer Erkenntnisweg, der mit dem genannten oft verflochten wird, ist die Ordnung des umfangreichen experimentellen Materials, um gesetzmäßige Beziehungen zu finden, deren Erkenntnis den Aufbau der Theorie gestattet. Man sucht die Erfahrungen begrifflich zu verarbeiten, wobei das Modell als Vorstufe der Theorie auftreten kann. Außerdem arbeitet man mit Analogien und Verfahrensweisen, die sich an anderen Stellen bewährt haben, indem man Modelle für bisher unbekannte Objekte oder Beziehungen aufstellt oder mit solchen Modellen experimentelle Ergebnisse erklärt. Ohne auf die philosophische Interpretation der Beziehungen zwischen Modell und Anschaulichkeit weiter eingehen zu können, soll festgehalten werden, daß es keinen eindeutig induktiven oder deduktiven Weg der Erkenntnis gibt. Die Praxis ist Grundlage, Ausgangspunkt und Ziel der Erkenntnis, sowie Kriterium der Wahrheit. Das bedeutet nicht, daß jeder konkrete physikalische Erkenntnisprozeß vom Experiment direkt ausgeht. Lenin hatte in seinen „Philosophischen Heften“ darauf hingewiesen, daß das Bewußtsein die Welt nicht nur widerspiegelt, sondern sie auch schafft. Weil das Bewußtsein, die Theorie Denkmöglichkeiten mit realen Möglichkeiten koppeln kann, weil sie ein ideelles Programm menschlicher Tätigkeit entwickelt, ist der Mensch schöpferisch. Er lernt es, Objekte und Prozesse auf neue Art und Weise zu beherrschen. Schöpferische Potenzen dürfen nicht durch einseitige erkenntnistheoretische Auffassungen ungenutzt bleiben.

Mit dem Experiment als dem objektiven Analysator der Wirklichkeit erhalten wir Momente des Wesens physikalischer Prozesse, die der Synthese in der Theorie bedürfen. Theorie und Experiment sind notwendige Komponenten des Erkenntnisprozesses. Ihr Zusammenhang zeigt sich in der für die Erkenntnis notwendigen Einheit von Analyse und Synthese. Wiederum muß und kann nicht jeder Wissenschaftler oder jede Gruppe diese Einheit in allen ihren Aspekten repräsentieren. Die Theorie ist Resultat des Erkenntnis*prozesses*. Dabei spielen zwei Begriffe der Theorie eine Rolle. Der erste umfaßt die Resultate der Erkenntnis objektiver Beziehungen und Gesetze physikalischer Objekte. Der zweite zielt auf unsere Einsichten in den Erkenntnisprozeß, seine Mittel und Möglichkeiten. Gerätetheorien, Meßtheorie usw. sind Theorien über die Beziehungen zwischen Subjekt und Objekt und damit wesentlicher Bestandteil der Physik.

Diese Hinweise auf einige Aspekte des komplizierten Prozesses physikalischer Theorienbildung machen deutlich, daß in der Arbeit bestimmter Gruppen und Institute die relative Selbständigkeit solcher Erkenntnisaspekte im Vordergrund stehen kann. Spekulation im Sinne der Praxisferne und Empirismus als Theoriefeindlichkeit werden dadurch ausgeschaltet, daß die Relativität dieser Aspekte beachtet und die Zusammenarbeit verschiedener Gruppen organisiert wird. Dabei kann es sich als notwendig erweisen, den einen oder anderen Aspekt des einheitlichen physikalischen Erkenntnisprozesses stärker zu entwickeln, weil sein Zurückbleiben den Erkenntnisfortschritt gefährdet oder fördernde Bedingungen durch schöpferische Wissenschaftlergruppen vorhanden sind. Die Erkenntnistheorie kann hier nicht alleinige Grundlage von Entscheidungen sein. Dazu ist eine Analyse des Standes der Wissenschaftsentwicklung erforderlich, der die Anforderungen der Praxis, die Forderungen der Wissenschaftler, die objektiven und subjektiven Bedingungen und die Möglichkeiten einer effektiveren wissenschaftlichen Arbeit berücksichtigt. Ein Beispiel für solche Entscheidungen könnte der Beschluß über die Entwicklung der Molekularbiologie von 1974 in der Sowjetunion sein.

Zu den Diskussionen über den Reduktionismus sind ebenfalls einige Anmerkungen aus philosophischer Sicht erforderlich. Manchmal wird die für die wissenschaftliche Erkenntnis notwendige Reduktion komplexer und komplizierter Erscheinungen schon philosophisch als Reduktionismus kritisiert. Die Erfolge physikalischer Untersuchungen in chemischen und biologischen Bereichen zeigen jedoch, daß eine einseitige Auffassung vom Erkenntnisprozeß philosophische Hemmnisse bei der Entwicklung von Wissenschaftsstrategien aufbauen kann. Dabei darf der Einfluß des philosophischen Reduktionismus nicht unterschätzt werden. Er ist die Verabsolutierung von solchen Reduktionen, die für die wissenschaftliche Erkenntnis notwendig sind, zur Erklärung des untersuchten Objekts oder Systems. Damit wird die Existenz von Systemgesetzen geleugnet, was ebenfalls zu einseitigen Entscheidungen führen kann. Um die Beziehungen zwischen wissenschaftlich berechtigten Reduktionen und dem philosophischen Reduktionismus zu verdeutlichen, möchte ich drei wesentliche Formen der Reduktion nennen, deren Durchführung oft auch schon als Reduktionismus bezeichnet wird. Das ist erstens die Reduktion des Besonderen auf das Allgemeine. So konnten die Erfahrungen über Reibung, die Beziehungen zwischen mechanischer und Wärmeenergie auf den Energieerhaltungssatz zurückgeführt werden. Die Keplerschen Gesetze und viele physikalische Einsichten in Besonderheiten der objektiv-realen Prozesse fanden ihre Erklärung in der Theorie Newtons. Heute wird versucht, Aspekte der Nichtlinearität und der Entwicklung mit thermodynamischen Konzeptionen zu erfassen. Die Reduktion des Besonderen auf das Allgemeine ist eine wesentliche Erkenntnismethode. Sie führt zu Theorien und zum Zusammenhang von Theorien. Die Verabsolutierung dieses Aspekts kann jedoch die Mißachtung von Besonderheiten bedeuten und erkenntnistheoretische Schwierigkeiten hervorbringen. So ist der thermodynamische Ansatz zur Erfassung von Entwicklungsprozessen nur der physikalisch-theoretische Rahmen, aber nicht die Entwicklungstheorie selbst, obwohl er wesentliche Aspekte einer solchen Entwicklungstheorie präzisieren könnte. Die Newtonsche Theorie ist nicht die Mechanik physikalischer Prozesse überhaupt und der Energieerhaltungssatz muß im Zusammenhang mit anderen Erhaltungssätzen gesehen werden.

Zweitens können höherentwickelte Systeme besser durch Reduktion auf Gesetze des niedriger entwickelten Niveaus erklärt werden. So ist es erforderlich, die physikalischen Grundlagen von Lebensprozessen zu erforschen. Einerseits kann dabei eine Hypothese von der physikalischen Erklärung nicht mit philosophischen Gründen widerlegt werden, sondern das Kriterium der Wahrheit ist das Experiment. Überhaupt ist es erforderlich, solche Hypothesen solange experimentell zu prüfen, bis die Grenzen der Reduktionen deutlich werden. Andererseits darf das aber nicht zur Leugnung der Systemgesetze für das höherentwickelte System führen, die untersucht werden können, auch wenn die Einsichten in das niedere Niveau noch fehlen. An einfachen Beispielen könnte die Unsinnigkeit solcher Auffassungen nachgewiesen werden. So kann die Psychologie nicht warten, bis die Molekularbiologie die Elemente psychischer Systeme untersucht hat. Die Physik hatte große Erfolge, bevor sie sich mit den Atomen physikalisch und nicht nur spekulativ beschäftigen konnte.

Das führt zu einer dritten Reduktion, in der die Systeme auf ihre Elemente zurückgeführt werden. Hier hat die Konzeption der statistischen Gesetze zu tieferen Einsichten in die objektive Struktur geführt. Die philosophische Definition des statistischen Gesetzes besagt: Ein statistisches Gesetz ist ein allgemein-notwendiger und wesentlicher Zusammenhang, der eine Möglichkeit für das Verhalten des Systems enthält, die notwendig verwirklicht wird, wobei die Elemente zufällig eine Möglichkeit aus dem Möglichkeitsfeld mit einer Wahrscheinlichkeit verwirklichen. Die philosophische Definition enthält den dynamischen Aspekt der notwendigen Verwirklichung der Systemmöglichkeit, den stochastischen Aspekt der Wahrscheinlichkeitsverteilung und den probabilistischen Aspekt der Übergangswahrscheinlichkeit für ein Element von einem Zustand in den anderen. Diese Aspekte können in ihrer relativen Selbständigkeit untersucht werden, was bestimmte Reduktionen voraussetzt. Die Bedeutung statistischer Gesetze für die Theorienbildung muß philosophisch noch weiter analysiert werden.

Es wird deutlich, daß wissenschaftlich berechtigte Reduktionen keine voreilige philosophische Kritik verdienen. Erst ihre Verabsolutierung ist philosophischer Reduktionismus, der allerdings dann auch weltanschaulich gefährlich werden kann. Erinnert sei hier nur an die Diskussionen um das Verhältnis von Wissenschaft und Humanismus. Die Vernachlässigung dessen, daß der Mensch in seinem Wesen Ensemble der gesellschaftlichen Verhältnisse ist, seine Reduktion auf ein naturwissenschaftliches Objekt der Forschung, läßt antihumane Experimente am Menschen zu. Dieser Reduktionismus hat gesellschaftliche Ursachen, die aufzudecken sind, um seine weltanschauliche Gefährlichkeit zu entlarven. Einseitige erkenntnistheoretische Auffassungen können sich zu philosophischen Hemmnissen für die Wissenschaftsentwicklung auswachsen. Deshalb muß gerade der Reduktionismus sorgfältig vom Standpunkt der Dialektik des Erkenntnisprozesses untersucht werden.

FSC
www.fsc.org
MIX
Papier | Fördert
gute Waldnutzung
FSC® C083411

Zeitfracht Medien GmbH
Ferdinand-Jühlke-Straße 7
99095 Erfurt, Deutschland
produktsicherheit@kolibri360.de